# DEUX MOTS



# MAGNÉTISME ANIMAL

ET

## QUATRE SUR AUTRE CHOSE;

PAR UN LICENCIÉ ÈS-SCIENCES.

CHALONS,

**BONIEZ-LAMBERT, IMPRIMEUR-LIBRAIRE,**

Rue d'Orfeuil, 14—16.

1849.

# AVERTISSEMENT.

---

Le petit écrit que je publie aujourd'hui était destiné, comme on le verra, aux lecteurs de l'*Echo de la Marne*. Le directeur l'ayant refusé pour des motifs qu'il faut respecter, j'ai cru devoir recourir à d'autres presses plus libres ou plus indulgentes. Je me suis figuré pendant quelques minutes que j'avais fait un livre ( on connaît les illusions de la paternité ), et alors je songeais à le dédier à quelque grand personnage. Je pensai d'abord au docteur Pangloss, pour qui j'ai beaucoup de vénération ; mais j'ai réfléchi que le docteur Pangloss n'était qu'un personnage de Candide, lequel n'est lui-même que le héros de l'un des romans de Voltaire, lequel Voltaire n'était de son vivant qu'un diable incarné, ainsi que mon curé me l'a démontré autrefois très clairement. Comme je ne voulais pas dédier mon livre à un être fictif, je laissai

de côté maître Pangloss. La pensée me vint alors de
le dédier au sens commun ; mais outre que je réfléchis
que le sens commun pourrait très bien ne pas accepter
ma dédicace, pas plus que celle de beaucoup d'autres
faiseurs de livres, j'imaginai qu'il pourrait bien,
lui aussi, n'être qu'une fiction, et pour rentrer tout
à fait dans la réalité, je me décidai à dédier mon livre à la critique. Celle-ci, du moins, ne me fera pas
défaut, et je la supplie humblement de prendre sous
sa très haute, très vénérée et très puissante protec-
tion, le bavardage indigne de son très indigne servi-
teur

Edme JACQUIER.

Vitry-le-François, 1er août 1849.

# DEUX MOTS

SUR LE

# MAGNÉTISME ANIMAL

ET

## QUATRE SUR AUTRE CHOSE.

Lorsque j'insérai dans l'*Echo* du 6 mai un petit article sur la double vue anti-magnétique de mademoiselle Rosina, je voulais montrer qu'il est possible, sans avoir recours aux mystères du magnétisme, d'expliquer certains phénomènes qui au premier abord paraissent extraordinaires. Quelques personnes m'ont aisément compris, et m'ont engagé à parler du magnétisme avec plus de détails. Je me rends bien volontiers à leur invitation.

Je ne suis pas de ceux qui pensent qu'il faut mettre la lumière sous le boisseau : le magnétisme a trop de partisans pour ne pas faire de dupes, et je crois qu'il ne sera pas inutile que les lecteurs de ce journal connaissent, non pas mon opinion, qui pourrait à juste titre leur paraître insuffisante, mais celle des savants, qui seuls sont compétents dans cette matière.

Le magnétisme animal ne date pas d'aujourd'hui ; un médecin allemand, le fameux Mesmer, l'inventa dans le siècle dernier. Il avait d'abord voulu ressusciter l'astrologie. N'ayant pas réussi à se faire prophète dans son pays, ce qui arrive à bien des gens, il vint à Paris en 1778, l'année même de la mort de Voltaire. Un grand penseur avait chassé la superstition de la philosophie, un grand charlatan allait tenter de l'introduire dans la science. Quelques physiciens avaient déjà employé les aimants, c'est-à-dire le magnétisme scientifique, dans le traitement des maladies nerveuses. Mesmer alla plus loin : il supposa un fluide universel répandu dans toute la nature, dans les astres, dans l'air, dans les pierres, dans les plantes, dans les animaux, l'appela magnétisme animal, se donna comme ayant la faculté d'agir sur ce fluide au moyen de la portion qu'il en contenait lui-même dans son corps, et se mit à magnétiser les eaux, les arbres, les fleurs, les animaux, les hommes, les femmes, en un mot tous les êtres de la nature. Il agissait en promenant lentement, à plusieurs reprises, et toujours dans la même direction, les mains le long de l'objet qu'il voulait magnétiser. En opérant de la sorte, il endormait ses adeptes, leur causait des convulsions, des crises nerveuses, des extases, leur communiquait la vertu de lire dans le passé et dans l'avenir, de changer l'eau en vin, et les guérissait de leurs maladies, et de leur raison quand ils en avaient. Une condition essentielle pour être apte à cette initiation, était d'avoir l'esprit confiant et crédule, l'imagination ardente, et les nerfs irritables; un seul esprit fort, exprimant tout haut son incrédulité et ses préventions, suffisait pour rompre le charme, et pour faire manquer l'opération. Elle était suivie au contraire des succès les plus éclatants, lorque le magnétiseur était un jeune homme lançant avec énergie par les yeux le fluide magnétique dans les yeux d'une femme impressionnable et exaltée.

« Mesmer, dit un encyclopédiste, dans les beaux jours de son triomphe, avait choisi, pour opérer ses prodiges, une maison agréable, avec un jardin charmant. Ses aides magnétiseurs étaient des jeunes hommes, beaux et robustes comme des hercules. Cette maison était devenue le rendez-vous de la plus brillante société. Les élégantes, que l'oisiveté, la mollesse, la satiété des plaisirs avaient remplies de vapeurs et de maux de nerfs; les hommes de luxe énervés de jouissances, blasés de plaisirs, vieillis et affaiblis par la vie indolente de la société de cette époque, venaient en foule réclamer de douces émotions ou des sensations nouvelles, comme au temple d'Epidaure.

» Arrivés dans cette maison charmante, ils approchaient avec une imagination ébranlée par la curiosité et le désir; parce qu'ils ignoraient, ils croyaient quelquefois, et cette croyance favorisait l'action du charme magnétique. Les femmes, toujours les plus ardentes à s'enthousiasmer, éprouvaient d'abord des bâillements, des pandiculations, des spasmes nerveux, des crises enfin, par ces attouchements multipliés, prolongés pendant plusieurs heures, en présence d'hommes, et ces émotions des unes se transmettaient à d'autres, comme on sait qu'il arrive dans toutes les secousses nerveuses, qui s'imitent par une sorte de contagion d'imitation.

» C'était au milieu de ces scènes bizarres qu'apparaissait tout à coup Mesmer, vêtu d'un habit brodé de soie lilas, tenant en main une baguette, la promenant d'un air d'autorité, avec une gravité magique : il semblait gouverner la vie, les mouvements des individus en crise ; des femmes haletantes menaçaient de suffocation, il fallait les délacer ; d'autres battaient les murailles et se roulaient à terre, comme serrées à la gorge, sentaient circuler des vapeurs froides ou brûlantes dans tout leur corps, suivant la direction tracée par cette baguette toute puissante !

» Une sorte de désordre, résultant de ces assemblées magnétiques, effraya les personnes sages. Le roi, pour y mettre fin, nomma une commission de savants (1) qui se transportèrent chez Mesmer ; mais celui-ci, qui voulait bien des témoins de ses opérations, refusa des juges. Il s'abstint donc de paraître aux expériences. D'Eslon, son disciple, le remplaça.

» La commission fut convaincue que le magnétisme animal n'est qu'une chimère ; que les cures magnétiques sont le simple résultat d'une imagination frappée, etc. Mesmer avait avoué que les femmes soumises à l'influence de l'agent n'étaient plus maîtresses d'elles-mêmes. Dans un rapport adressé au roi, on raconta qu'un monsieur étant tombé, à la vue d'une jeune demoiselle, dans certain état bien connu des médecins, les choses allèrent si loin que la mère se leva pour y mettre ordre ; mais que d'Eslon s'écria aussitôt : Laissez-les faire ou ils mourront.

» Ce rapport fit beaucoup de bruit et donna lieu à une foule d'écrits polémiques, dont la suite fut la diminution de l'enthousiasme. Plusieurs prosélytes furent honteux d'avoir partagé cette opinion, et Mesmer se retira avec une brillante fortune, acquise par son magnétisme. »

Lafayette, Bergasse et d'Eprémenil ouvrirent une sous-

_______________

(1) Parmi eux se trouvaient Bailly, Lavoisier et Franklin.

cription en sa faveur ; elle produisit trois cent quarante
mille livres, valant bien à cette époque cinq cent mille
francs d'aujourd'hui. Mesmer les emporta dans son pays, où
il mourut ignoré. Cet homme avait le génie du charlatanisme, et je connais plus d'un personnage qui devrait s'a-
genouiller devant son portrait.

Paris la grand'ville (style Henri IV) n'a jamais pu se
passer de faux prophètes ; la France a toujours été la patrie
des diables et des sorciers. On peut s'en assurer en lisant
Bodin, qui en sa qualité de procureur du roi, passa sa vie
à les juger et à les brûler (pas les diables, mais les sorciers
seulement). Son traité de la sorcellerie se trouve à la bi-
bliothèque de Vitry. Les personnes qui aiment les diable-
ries, pourront également consulter avec fruit le traité de
l'inconstance des diables en matière d'amour, par de Lan-
cre ; le livre des apparitions, de Lenglet-Dufrenoy ; l'histoire des fantômes, par madame Gabrielle de P...., et l'histoire curieuse et pittoresque des sorciers, par le révérend
père Giraldo, ancien exorciste de l'inquisition, qui passa
sa vie à les bénir. Mais je n'aime pas l'érudition, ni les sorciers, ni les exorcistes ; et je reviens à la bonne ville de
Paris.

Après Mesmer, il lui fallait Cagliostro ; et le baquet du
premier ne fut pas plus célèbre que le vin d'Egypte et les
poudres rafraîchissantes du second. Joseph Balsamo, connu sous le nom de comte de Cagliostro, possédait, comme
un chacun sait, le secret de fabriquer la matière première
ou pierre philosophale, c'est-à-dire qu'il transmutait les
métaux en or, et qu'il prolongeait la vie. Il rendait à ceux
qui croyaient en lui la jeunesse avec sa beauté et ses
puissances ; il appelait cela opérer la régénération physique
et morale. Dans son livre de la maçonnerie égyptienne, il
expose avec les plus grands détails le procédé à suivre
pour arriver à une spiritualité de 5,557 ans, au moyen de
laquelle on a le droit de dire, comme lui-même : Je suis
celui qui est. Car telle était la modeste réponse dont il ho-
norait ceux qui voulaient bien l'interroger sur sa mission.
On voit que les francs maçons de ce temps-là ne se bor-
naient pas, comme ceux d'aujourd'hui, à bien dîner en
cérémonie, mais qu'ils portaient plus haut leurs prétentions. Cagliostro, leur grand maître ou grand cophte, eut

beaucoup d'adeptes et de disciples, surtout dans les classes élevées de la société, qui le comblaient de caresses et de présents. Son nom était gravé sur toutes les bagues, sur tous les éventails, sur toutes les tabatières; son portrait et son buste étaient placés dans les palais des plus grands seigneurs, et on y lisait cette inscription gravée en lettres d'or : *Au divin Cagliostro*. La chronique ne dit pas s'il parvint jamais à faire de l'or pour les autres ; mais assurément il avait le talent d'en faire pour lui, ce qui n'était pas à dédaigner.

Après avoir exercé sa précieuse industrie dans toutes les capitales de l'Europe, il vint enfin à Paris, où il obtint le plus brillant succès. Malheureusement il fut accusé d'avoir pris part à la fameuse affaire du collier, dans laquelle le prince de Rohan, archevêque de Strasbourg, et la reine Marie-Antoinette se trouvèrent compromis, et qui contribua tant à la chute de la monarchie. Si cette accusation fut fondée, Cagliostro allait chercher bien haut ses victimes. Sur un ordre de Louis **XVI**, il fut enfermé à la Bastille ; il eut l'adresse de se faire acquitter, et partit pour l'Italie, qu'il n'avait pas encore suffisamment exploitée. Mais il ne put échapper aux griffes de l'inquisition, et fut condamné comme franc maçon à une prison perpétuelle. Le prophète n'avait pas prédit cette petite circonstance-là.

Mesmer avait parodié le fluide magnétique des aimants. Cagliostro avait mis à contribution les brillants phénomènes de la chimie. Les magnétiseurs de nos jours, pour donner également à leurs prétentions un air scientifique, font une contrefaçon du fluide nerveux. Leurs assertions ne sont pas tout à fait d'accord avec les faits de la physiologie; mais ils s'en embarrassent peu, et n'en proclament pas moins la réalité de leur prétendue science.

M. Ricard, dont j'ai le livre sous les yeux, raconte avec emphase qu'une demoiselle Virginie, plongée dans l'état magnétique, fut enlevée au ciel par trois anges vêtus de blanc, et que là elle vit son père et un jeune homme entourés des esprits supérieurs. Cela me rappelle assez les aventures d'un monsieur qui causait souvent avec le bon Dieu, se croyait obligé de rendre compte de leurs conversations à l'Académie des sciences, et qui trouvait mauvais que le secrétaire perpétuel, M. Arago, conservât pour lui-même ces bonnes choses, et n'en fit jamais part à ses confrères.

Mademoiselle Virginie a encore un autre talent. Dans ses moments de délire, elle improvise de méchants vers français. Mais cela ne doit pas nous étonner. Tout le monde sait de quelle manière un pieux personnage reçut, il y a quelques années, le don de la poésie, et comment il en fit usage pour la plus grande gloire de la bienheureuse Marie-Alacoque.

M. Ricard parle aussi d'un enfant qui voit clair par le talon. Il faut convenir qu'il est beaucoup plus adroit que bien des gens qui, avec leurs deux yeux et à grand renfort de bésicles, n'ont jamais pu voir plus loin que leur nez. Cet enfant donc lit par le talon, et M. Ricard appelle cette propriété *vision opisthopodienne*. (Je renvoie les personnes qui auraient le malheur de ne pas comprendre cette expression à maître Pangloss, qui sait très bien le grec.) M. Ricard s'emparant de cette vision merveilleuse, en conclut que l'on peut déplacer les sens, et que par exemple on parviendra à voir par l'oreille, à entendre par les yeux, et à sentir les parfums par le bout du doigt. Il ne dit pas où sera le siége du sens commun.

M. Ricard raconte avec complaisance l'histoire de la comtesse d'Ash, qui un beau jour quitta la France et son mari pour suivre en Moldavie le prince de Stourdza, et pour épouser cet aimable magnétiseur. Afin de répondre à de méchantes langues qui accusaient le magnétisme de ces sortes de séductions, il affirme que « la science magnéto-logique elle-même n'est pour rien dans tout cela. » Je n'ai pas de peine à le croire.

S'il m'était permis de juger le livre de M. Ricard, je dirais que ce docteur ès-magnétisme a soin de flatter tous les préjugés, toutes les superstitions, toutes les faiblesses, même celles des personnes qui aiment le calembourg. Le précieux volume est en effet enrichi d'une jolie collection de jeux de mots pour l'agrément des amateurs et des beaux esprits.

Les savants ont toujours refusé de croire aux prodiges du magnétisme animal; et cependant il a beaucoup de partisans, même parmi les personnes réputées instruites. Il ne faut pas s'en étonner. On trouve des gens qui ne sont pas encore bien persuadés que la terre tourne ; qui croient qu'on ne pourrait pas vivre si l'on savait ce que c'est que le tonnerre ; qui pensent que l'on pèse plus avant d'avoir déjeuné, qu'après avoir absorbé deux ou trois kilogrammes d'aliments, et que par conséquent il est possible, comme Rosina ou le fils de Robert Houdin, de se soustraire aux lois de la pesanteur au moyen de quelque drogue magnétisée. Il y en a encore qui prétendent que les opérateurs de la foire arrachent les dents sans douleur, au moyen d'une pierre d'aimant, et qui croient que tous ceux qui font des citations latines savent le latin, et que tous les avocats ont de l'esprit. Et ces préjugés ne se rencontrent pas seulement dans ce qu'on appelle encore le peuple ; car s'il y a le peuple opposé aux grands et aux financiers, il y a aussi, dit je ne sais quel auteur, le peuple opposé aux savants et aux gens éclairés.

J'ai même entendu un homme lettré soutenir gravement que les poissons étaient des animaux à sang chaud, parce que pris comme aliments, ils avaient la propriété d'exciter certains désirs peu compatibles avec un tempérament froid. Mais chacun raisonne là-dessus comme il l'entend. Je reviens au magnétisme.

Un docteur en médecine hésitait dans le traitement d'une grave maladie (il y en a qui n'hésitent jamais). Il voulut bien s'en rapporter à l'avis d'une magnétisée qui lui ordonnait de saigner son malade ; il le fit avec un plein succès, et les bonnes femmes ne manquèrent pas, comme de raison, d'en tirer toutes sortes de conséquences en faveur du magnétisme. Les matelots qui échappent au naufrage, suspendent de petits tableaux dans les temples, et ceux qui se noient n'en suspendent jamais. En toutes choses, l'imagination saisit les faits éclatants et laisse les autres ; la raison les enregistre tous. Je voudrais bien voir tous les feuillets du livre de la raison.

Si le magnétisme pouvait rendre des services à l'art de guérir, il ne serait certes pas à dédaigner. Et en effet la plupart des maladies sont incurables ; la science des médecins consiste à les classer, à leur donner des noms bizarres, à en connaître le signalement, à en prévoir quelquefois les résultats ; mais à les guérir, point. Ils sont très forts sur le diagnostic, et sur le pronostic, comme ils disent; mais excepté dans les fluxions de poitrine, les congestions, les fièvres intermittentes, la variole et deux ou trois autres cas, leurs moyens directs sont tout à fait sans efficacité. En faut-il conclure que la médecine est inutile ? A Dieu ne plaise! Les médecins seuls savent placer leurs malades dans les conditions hygiéniques qui permettent à la nature d'agir en liberté, et de sauver l'individu toutes les fois que l'organe affecté n'est pas encore détruit. Il est fâcheux que l'hygiène, cette science positive, ne soit appliquée qu'aux infirmes, et jamais aux gens qui se portent bien. Je voudrais que son étude fît partie de l'éducation ; qu'il y eût des professeurs de santé comme il y a des professeurs de grec ou d'escrime ; que les médecins changeant de rôle, fussent chargés par l'état, non de guérir les maladies, mais de les prévenir. On ne ferait en cela que revenir à la pratique de certains peuples de l'antiquité, et chacun n'en serait que plus sain de corps et d'esprit en ce monde et en l'autre. Mais il ne faut pas parler de politique. Vous riez, lecteur ; vous avez tort : cette question tient de plus près à la politique qu'on ne pense ; c'est pourquoi je reviens à mon sujet.

Les partisans du magnétisme (j'entends ceux qui sont de bonne foi), avant d'être si crédules, devraient savoir que toutes les fois que dans un certain ordre de choses, sur cent faits observés avec de bons yeux, il ne s'en trouve pas au moins quatre-vingt-dix s'expliquant de la même manière et pouvant être reproduits, il n'y a pas de science possible. Encore faut-il que les dix autres faisant exception soient dus à des causes étrangères faciles à constater ; car il n'y a rien d'aussi bête que cet adage, que l'exception confirme la règle ; sauf le respect de ceux qui le citent. Si donc la plupart des faits sont incohérents, n'ont aucun rapport entre eux, et se produisent d'une manière désordonnée, il est raisonnable de les attribuer au hasard, c'est-à-dire à des causes variées dont les lois nous échappent. L'imagination d'une femme magnétisée ou plongée dans une espèce de délire ne ressemble pas mal à un petit instrument appelé kaléidoscope, qui donne naissance à des figures bizarres lorsqu'on l'agite. Il faut posséder une bonne dose de complaisance pour saisir avidement çà et là quelques faits qui

présentent un caractère surnaturel, et pour les attribuer à
une cause particulière différente des causes connues.

Il en est à cet égard des prédictions du magnétisme,
comme des désirances des femmes enceintes. Il n'y a pas
de femme qui pendant sa grossesse n'éprouve de temps en
temps quelque désir non satisfait sans qu'il en résulte rien
de particulier pour son enfant. Et cela se conçoit bien ;
l'enfant ne reçoit de sa mère que la chaleur et la nourriture,
et non des idées ou des influences morales. Les signes que
portent certains enfants ne ressemblent d'ailleurs pas plus
à une cerise, à une lentille, à une fleur, qu'à autre
chose, excepté aux yeux des personnes qui y mettent beaucoup de bonne volonté. Les phénomènes de la vie intra-
utérine sont, tout aussi bien que ceux de la digestion et de
la circulation du sang, indépendants de l'imagination et du
caprice ; ce ne sont pas les idées qui digèrent les aliments,
ou qui développent le petit être. Toutefois, un fait bien
connu, c'est qu'il est dangereux pour lui que sa mère
éprouve une grande frayeur ou des émotions trop vives ;
dans ce cas les relations qui les lient se trouvent modifiées
d'une manière défavorable ; et il peut arriver que le déve-
loppement de l'enfant soit arrêté dans certaines parties.
Mais la monstruosité qui en résulte n'a d'ailleurs aucun rapport avec l'objet qui a causé l'émotion maternelle. Telle est
du moins l'opinion des observateurs physiologistes. Quant
aux bonnes femmes de l'un et de l'autre sexe, il faut leur
laisser libre le champ des illusions et des conjectures, et se
bien garder de les contredire, parce que ce ne sont pas les
idées les moins raisonnées qui sont les moins tenaces et les
moins irrésistibles.

Quand un homme est en possession de quelque principe
extraordinaire, il rapporte tout à ce principe. M. Ricard,
pour donner du poids à ses hypothèses sur le fluide magnétique, admet que si un homme courageux, froissé par un
lâche, peut si facilement le paralyser du regard, c'est qu'il
lance le principe magnétique dans les yeux de son pusilla-
nime adversaire. Il faut avouer que le portrait du citoyen
Croque-Mitaine a de terribles propriétés magnétiques, car
il fait bien peur aux petits enfants.

En vérité, ceux qui en croiraient M. Ricard sur parole
n'auraient jamais réfléchi sur les effets de la physionomie,

ni sur le pouvoir de l'imagination. Quelle est la femme des champs qui, sur le point de toucher par mégarde un crapaud, n'a jamais senti un frisson parcourir tout son corps, sans que l'inoffensif animal, lui du moins, ait songé à la magnétiser ? On sait que le gaz hilariant (protoxide d'azote) a la propriété d'exciter chez ceux qui le respirent un rire insolite et immodéré, un rire fou. Un physiologiste, pour éprouver l'empire de l'imagination, dit à une dame qu'il allait la soumettre à cette curieuse expérience ; mais il la trompa, et lui donna tout bonnement de l'air atmosphérique ; après deux ou trois inspirations, elle tomba en syncope, ce qui ne lui était jamais arrivé. Pour prouver que l'imagination est le plus grand des magnétiseurs, je pourrais encore raconter une petite histoire. En 1852 on fit coucher un individu, de l'espèce de ceux qui étaient appelés autrefois *animæ viles* par les médecins, dans un lit bien propre et bien blanc ; on lui dit à dessein qu'un cholérique y était mort ; le malheureux fut pris sur-le-champ du choléra et en mourut. Avis aux peureux !

Il est des gens que de pareils faits ne convertiront jamais à la raison ni au courage ; ce n'est pas pour eux que j'écris, mais pour moi : car entre nous soit dit, lecteur, j'ai peur de croire au magnétisme, et d'avoir peur du choléra.

Dans certaine localité, je ne sais plus au juste laquelle (c'était peut-être à Carpentras ou à Quimpercorentin), un magnétiseur ayant demandé à sa somnambule un peu souffrante quel était le régime qui lui convenait le mieux, elle répondit qu'il fallait la nourrir pendant un bon mois uniquement de bouillon de souris. Le monsieur, d'un caractère docile, se mit à lui préparer ce consommé d'une nouvelle espèce. L'ordonnance fut accomplie en tout point, et à la fin du mois la jeune personne n'avait pas maigri, et ne s'en portait que mieux. Il faut convenir que l'osmazôme de souris a des propriétés merveilleuses inconnues à Brillat-Savarin lui-même : néanmoins, je crois que peu de gens seront tentés de prendre ce magnétiseur pour leur cuisinier ; et si les bêtes parlaient encore (aucuns disent naïvement qu'elles ne parlent plus), je lui conseillerais de se faire professeur de gastronomie chez messieurs les chats.

Je n'ai jamais eu l'occasion d'admirer le magnétiseur de Carpentras ; mais j'en ai vu de près un autre sur lequel je

me suis permis de faire des observations. C'était le seul
moyen de ne pas être tout à fait dupe. Il m'en a coûté sans
doute ; mais j'ai essayé de m'en consoler en songeant que
l'on ne s'instruit guère ici-bas qu'à ses dépens. Je conseille
ce moyen de consolation à tous ceux qui font des pas de
clerc, ou d'autres pas plus ou moins faux. J'avais la faiblesse d'être malade ; il n'y a rien d'aussi sot au monde, et
j'avais cette sottise-là. J'eus même celle de croire que pour
m'en délivrer, il n'y avait rien de mieux à faire que de
consulter un magnétiseur que l'on vantait beaucoup. Il de-
meurait loin ; j'entrepris le pèlerinage avec un mien cousin,
qui était aussi quelque peu souffrant. Il nous fut difficile de
pénétrer jusqu'au sanctuaire de l'oracle, et nous fûmes for-
cés de faire antichambre (notez bien cette circonstance, si
vous vous occupez d'histoire naturelle, car c'est un des
bons caractères du charlatanisme) ; enfin nous fûmes admis
auprès du devin et de madame son épouse qui remplissait
le rôle de somnambule. Malgré mes préventions en leur faveur, il ne me fut pas difficile de m'apercevoir qu'ils
jouaient la comédie à nos dépens, que la somnambule ne
dormait pas, que son mari s'entendait avec elle de la façon
la plus grossière, et que toute leur science consistait dans
un certain jargon médical qu'ils avaient pris sans doute
dans quelque manuel du médecin de campagne, et qui leur
suffisait pour parler des maladies les plus connues, et pour
donner des prescriptions en conséquence. Mon cousin, qui
n'y prenait pas garde, fut traité comme certain personnage
de Molière ; on lui fit dire sa maladie en gros et en détail,
et il fut quasi émerveillé de la sagacité de la doctoresse qui
lui répétait en termes prétentieux ce qu'il avait dit. Quand
ce fut mon tour, je la trompai (il est bien permis de faire
quelquefois de petits mensonges joyeux, lorsque tant de
gens s'en permettent de moins innocents) ; voyant qu'elle
ne pouvait rien me dire de vrai sans que je prisse aupara-
vant la peine de l'en instruire, je lui donnai aisément le
change. Je la menai sur un terrain mouvant où elle fit mille
faux pas ; j'entends que je lui fis dire mille sottises. Je lui
demandai si elle connaissait mes occupations habituelles.
Elle me répondit que je me livrais à l'étude avec ardeur, et
que je poursuivais une idée qui me tourmentait beaucoup.
Il est vrai, lui dis-je, que je voudrais trouver la pierre

philosophale. « Oh ! pour cela , répliqua-t-elle d'un air fin,
vous n'y arriverez jamais , car Voltaire y a travaillé toute
sa vie sans succès, et vous n'avez pas le génie de Voltaire. »

Je convins aisément du dernier point ; je ris beaucoup
dans ma barbe de voir le malin Voltaire accusé d'avoir re-
cherché le grand œuvre, et je repris avec la plus grave
bonhomie possible :

« Madame, je cède à vos sages avis : je renonce à la
pierre philosophale ; je m'en tiens à mes études positives ,
au xmathématiques et à mes recherches sur la quadrature
du cercle. Pouvez-vous me dire si je résoudrai ce problème ?

— Oui, monsieur, vous le résoudrez.

— Dans combien de temps ?

— Dans dix-huit mois.

— Combien me rapportera cette découverte, car j'espère
bien prendre un brevet d'invention ? »

Alors elle se mit à compter sur ses doigts à plusieurs reprises, et s'étant apparemment embrouillée dans son calcul, elle me dit :

« Je ne puis vous assigner au juste ce que votre travail
doit vous rapporter ; mais vous y gagnerez plus que votre
fortune.

— Dans ce cas, répliquai-je en étouffant de rire, je
n'en demande pas davantage, et je suis plus que content.»

Ce résultat équivalait bien à la pierre philosophale , car
c'eût encore été faire de l'or. Quant au secret de prolonger
la vie , elle ( la dame ) m'ordonna quelques simples que je
n'eus pas la simplicité de prendre ; elle aurait bien dû me
prescrire l'ellébore pour avoir eu la folie de croire à sa
science. Au sortir de chez elle , j'allai consulter un brave
médecin qui me mit, non au bouillon de souris ni aux fines
herbes, mais au repos , au rosbif et au vin vieux ; je m'en
trouvai fort bien , et je jurai de placer dorénavant le con-
fortable et la fainéantise au-dessus de toutes choses, et même
des somnambules et de leurs compères.

En cet endroit, j'éprouve le besoin de me justifier d'une
imputation qu'on ne manquera pas de me faire ; c'est de
donner dans les personnalités. J'avoue que j'ai bien l'air
de tomber dans ce défaut. Et pourtant il n'en est rien.
J'affirme que je sais très bien que la satire personnelle est

réprouvée par les lois ; qu'on ne doit médire qu'en petit comité, et jamais dans un journal, et que par conséquent je suis incapable de raconter aucune histoire véritable sur mes concitoyens. Tout ce que j'en fais n'est que pour la forme. C'est un moyen de parler de moi, de me mettre en scène, de me rendre intéressant : voilà tout. De sorte que si le lecteur sourit malignement de ma sotte vanité, il doit bien se garder de faire des jugements téméraires sur mes intentions. Après un aveu aussi humble, il me semble que j'ai le droit de reprendre le fil de mes personnalités apparentes, et je me hâte d'en profiter.

Je revis plus tard mon magnétiseur dans mon village, où il venait donner un coup de filet. Quelques goujons, après moi, s'y laissèrent prendre, entre autres les parents d'une pauvre phthisique auxquels on promit sa guérison. Elle mourut en effet huit jours après, et fut guérie de tous ses maux, comme on dit très bien. La consultation lui avait coûté dix francs ; mais on ne saurait payer trop cher des illusions et des espérances. Combien de gens voudraient en avoir à ce prix !

Le magnétiseur devait aussi changer de l'eau en vin : je lui offris cent francs s'il réussissait ; il n'eut garde de me prendre au mot, bien entendu, et la chose en resta là. Je ne suis pas aussi bon métaphysicien que le docteur Pangloss ; mais après avoir bien philosophé, je crois que la raison suffisante pour laquelle mon homme s'est abstenu, c'est qu'il eut peur de me trouver trop bon gourmet. Une dame, chez laquelle il recevait l'hospitalité, était dans ce qu'on appelle en beau style une position intéressante. A l'inspection de ses cheveux, la magnétisée lui promit une fille ; la prédiction ne s'accomplit pas tout à fait, car la dame eut un vrai garçon ; elle n'en demeura pas moins fidèle à ses croyances magnétiques, tant elle y mettait de bonne volonté. Je ne dois pas oublier de dire que son mari n'y croyait plus, et c'était peut-être la seule bonne raison qu'elle eût pour y croire, tant l'esprit de contradiction est puissant chez certaines personnes, comme chacun sait.

Nous sommes encore bien encrassés d'ignorance, malgré notre petite civilisation du dix-neuvième siècle. Le règne des bohémiens, des nécromanciens et des bateleurs est loin d'être passé. J'en atteste la quatrième page des journaux, et même un peu les trois autres. A Paris, on croit encore aux sorciers et aux devins ; et les héritières de mademoiselle Lenormand sont nombreuses et vénérées. Ailleurs qu'à Paris, plus d'une femme honnête et ingénue s'en va clandestinement, d'un pas tremblant et circonspect, demander aux cartes ses convictions les plus chères, et se rassurer sur les sentiments de son mari. Inquiète, haletante, elle attend son sort de la position du roi de cœur ou de la dame de pique ; et, comme de juste, pourvu qu'elle paie bien, le résultat répond toujours à ses vœux secrets, et elle s'en retourne le plus souvent heureuse et satisfaite. Et il n'y a pas grand mal à cela ; car elle y trouve son compte, son mari également (honni soit qui mal y pense !), et la pythonisse encore davantage.

Les jeunes filles aussi vont parfois consulter les nécromanciennes, et l'on sait pourquoi. Mais c'est à tort que de mauvaises langues les accusent de s'en rapporter au hasard plutôt qu'à la raison dans le choix de leurs maris ; à moins pourtant que l'amour et le hasard ce ne soit tout un : ces deux divinités portent peut-être le même bandeau.

Il n'y a pas jusqu'à Mercure, ce Dieu du commerce, de la ruse, du lucre, etc., qui ne laisse parfois ses favoris confier leur sort, non plus au calcul et au bons sens, mais aux suggestions des devins et des fourbes. J'ai connu à Paris un négociant qui eut la faiblesse de consulter une somnambule, et de croire à ses prédictions. Plein de foi dans les lumières du magnétisme, il se mit à acheter sans mesure et sans raison ; et comme la révolution de février n'était pas une affaire de magnétisme, il eut le désespoir de voir crouler tout à coup l'échafaudage de ses illusions et de sa fortune. Il put comprendre que si le succès ne dépend pas toujours de la sagesse humaine, il dépend encore moins de croyances aveugles et chimériques.

On avait pris l'argent d'une pauvre femme. Elle alla naïvement prier le vénérable abbé Dollé de Chatelraould de dire une messe pour que le bon Dieu voulût bien toucher le voleur, et lui inspirât la pensée de lui restituer sa bourse. M. Dollé la renvoya avec sa pièce de vingt sous en lui disant que le bon Dieu ne se mêlait pas de ces choses-là. Peu satisfaite et presque scandalisée de cette ré-

ponse, elle alla trouver un autre prêtre qui fut moins
scrupuleux ou moins impie. Mais je ne sais pas au juste si
le voleur rapporta l'escarcelle. Toutefois, je le soupçonne
fort d'avoir pensé, en bon politique, que ce qui est bon à
prendre est bon à garder.

Relativement au choléra, je pense avec l'abbé Dollé,
mon ancien maître, que le meilleur moyen de s'en garantir
n'est pas de porter des amulettes ni de se dévouer au cœur
de Jésus (1). Il est vrai que l'abbé Dollé n'était pas médecin, et qu'il sentait un peu le jansénisme (2), son opinion
pourrait donc paraître suspecte en cette matière. Mais je
suis heureux de pouvoir invoquer celle de M. le docteur
Chevillion, qui a osé, dans l'*Echo de la Marne*, déco-
cher quelques traits contre les amulettes et autres choses
semblables. M. Chevillion est médecin, lui, et pas du tout
janséniste, du moins que je sache ; de sorte que son opinion doit faire autorité aux yeux des gens bien pensants et
bien portants.

Tout le monde a entendu parler du curé de Vauchassis,
qui faisait courir les gens à vingt lieues à la ronde. De même
que les tireuses de cartes ont le grand jeu et le petit jeu,
il avait, lui, pour guérir toutes les maladies imaginables et
imaginaires, une grande recette et une petite recette, que
son secrétaire, de qui je tiens ces détails, copiait invaria-
blement. C'est ainsi que le docteur X... guérit toutes sortes de maux au moyen du camphre en grains, en poudre,
en pilules ou en cigarettes. C'était ainsi que le docteur de
Gil Blas, de son vivant, ne connaissait pour remèdes que
la saignée et l'eau chaude. Tant qu'il y aura des malades,
il y aura des marchands d'orviétan. Et ma foi, cela est
peut-être une bonne chose : les dupes s'en trouvent bien,
puisque leur crédulité est satisfaite ; les dupeurs ne s'en
trouvent pas mal non plus ; les mauvais plaisants s'en amusent, et tout le monde est content.

---

(1) On vend à la librairie Bitsch, à Vitry, un petit livre ayant
pour titre : *Préservatif contre le fléau qui nous menace, ou de la
nécessité de se dévouer au cœur de Jésus.*

(2) Les jansénistes n'admettent pas la fête du sacré cœur, et
accusent leurs adversaires de sensualisme.

Quand on a bien déjeuné et surtout bien digéré le matin, et que l'on a la certitude de bien dîner et de bien digérer le soir, on est assez disposé à l'optimisme, et l'on trouve aisément la raison suffisante des dupeurs et des dupes. L'essentiel est de n'être pas dans la dernière catégorie. Je ne m'aviserai jamais, par exemple, de prêcher l'optimisme à un pauvre diable qui vient de faire une visite de circonstance à son usurier ; mes arguments pourraient lui paraître indigestes, et mes plaisanteries de mauvais goût. Mais pourquoi parler de l'usure ? Elle n'a rien à démêler avec les préjugés. Je puis me tromper, pourtant ; car il n'est pas impossible que le talent de l'usurier consiste à prouver à son homme que deux et deux font cinq : cela s'appelle prêter à vingt-cinq pour cent. A moins qu'il n'aime mieux, par délicatesse, lui prouver que deux et deux font six, et lui prêter à cinquante pour cent, afin d'être à même d'enrichir un jour les pauvres de sa paroisse par son testament. Mais quel que soit le rapport qui existe entre l'usure et les préjugés, je dois m'abstenir d'en parler pour une raison capitale, c'est que dans ce pays-ci il n'y a point d'usuriers. Et non seulement il n'y en a point, mais il n'y en a jamais eu, comme chacun sait. Il serait donc impossible à un naturaliste d'en faire une description exacte. On dit bien que l'usurier est un animal très raisonnable, à deux pieds et sans plume, à la mine sèche, aux lèvres pincées, au sourire faux et rare, à l'œil vif et faux, et qu'il porte un habit rapé par humilité et des lunettes d'argent par économie, parce que les lunettes d'or représentent un trop gros capital, et que les autres nécessitent trop souvent des réparations. Voilà, je le répète, ce que l'on dit. Quant à moi je n'en crois rien, attendu que je n'ai jamais pris la nature sur le fait. Me voilà loin du magnétisme ; mais il me sera facile d'y revenir en passant par l'électricité.

Il y a quatre ans, un bon citoyen du Maine vint à Paris avec une fille électrique qui, selon lui, jouissait de propriétés merveilleuses : par sa présence seule, elle renversait les chaises, les tables, les meubles, soulevait le couvercle d'un coffre, même quand il était retenu par plusieurs hommes vigoureux. Elle fut présentée à l'Académie des sciences, qui nomma une commission pour l'examiner. Amenée devant les commissaires, la jeune fille ne put rien produire, parce que messieurs de l'Académie avaient l'impolitesse de voir les ficelles et même celle de les couper. Depuis lors il n'en fut plus question ailleurs que dans les vaudevilles du théâtre Montansier.

Il y a cinq ans, M. Burdin proposa un prix de trois mille francs au somnambule qui lirait, devant trois académiciens, à travers une feuille de papier. Personne n'a encore pu remporter le prix. Et pourtant le monde entier est rempli des merveilles du magnétisme. A l'heure qu'il est, il existe en Amérique un prophète appelé John Davis, le lucide, qui voit tout, sait tout, explique tout. Il a donné une magnifique théorie de l'univers, destinée, dit-il, à remplacer les religions et les sciences nées avant lui.

M. de Saint-Germain Leduc expose ces pompeuses folies dans l'*Illustration* du 28 juillet, et s'en moque, bien entendu. Je citerai le passage suivant de son article : « Outre les trois témoins officiels chargés de représenter l'amour, la volonté, la sagesse, qui ont signé tous les procès-verbaux, le scribe a soin d'annoncer aux nations de la terre que John Davis a été entouré d'autres témoins au nombre de vingt-trois. On ne dit point ce qu'ils étaient chargés de représenter. Etait-ce simplement ce que représente le troupeau des actionnaires dans un si grand nombre d'associations : les vaches à lait de la société prophétisante ? Nous ne serions pas éloignés de le supposer. »

Il ne faut pas croire que tous les magnétiseurs soient des charlatans ; il en est de plus modestes qui se contentent d'être dupes, et l'on doit rendre hommage à leurs bonnes intentions. M. de Puységur, grand apôtre du magnétisme, avait pris à son service une jeune fille appelée Marie, qui ne demandait pas mieux que de devenir un bon sujet. Malheureusement le fluide magnétique n'agissait pas plus sur elle que sur une perruque, dit un chroniqueur. Mais quelques élèves en magnétisme, un peu plus expérimentées, lui firent comprendre que ses gages augmenteraient en proportion de sa lucidité, si elle consentait à s'endormir au premier commandement et à répondre à tout avec complaisance. Comme elle était naturellement très fine et très malicieuse, elle devint bientôt d'une lucidité parfaite à l'endroit du magnétisme ; mais aussi d'une exigence excessive à l'endroit des écus. M. de Puységur, bien entendu, trouva qu'on ne pouvait payer trop cher un pareil talent : le public admira ; c'est la part de satisfaction qui lui revient toujours dans ces sortes de choses.

Le docteur Gerdy, membre de l'Académie de médecine, et professeur à la faculté de Paris, fut invité avec plusieurs de ses confrères à quelques séances de magnétisme données par les plus célèbres magnétiseurs, MM. Frappart, Laurent, Pigeaire et Ricard. Ces messieurs espéraient satisfaire les académiciens, et obtenir d'eux un rapport favorable qui les eût bien posés aux yeux des gens du monde ; M. Gerdy vit en effet mademoiselle Pigeaire jouer aux cartes malgré une bande de calicot, un tampon de coton, et un bandeau de velours qui lui recouvraient les yeux. Dans une autre séance, mademoiselle Prudence sut également reconnaître les cartes qu'on lui présentait, bien qu'on eût placé sur ses yeux plusieurs lames de taffetas gommé. La plupart des spectateurs, livrés à leurs propres lumières, auraient bien certainement été satisfaits de ces résultats. Mais le docteur n'était pas homme à se contenter des apparences. Il revint sur les expériences, et les rendit impossibles, en empêchant les prétendues somnambules d'écarter les obstacles qui s'opposaient à la vision directe. En un mot il coupa les ficelles et arrêta tout court le jeu des marionnettes. Bien plus, M. Gerdy reprit les expériences avec ses amis, et après plusieurs essais, il parvint à reproduire le plus simplement du monde tous les phénomènes annoncés par ses adversaires comme le résultat de causes surnaturelles et étrangères aux lois de l'optique. De cette manière, les magnétiseurs furent convaincus de charlatanisme et d'impuissance aux yeux des personnes qui en furent témoins, comme ils peuvent l'être encore aux yeux de quiconque veut se donner la peine de lire le rapport que M. Gerdy adressa dans cette occasion à l'Académie de médecine.

Il parait que les savants d'outre Rhin (les Allemands sont têtus) ne sont pas plus complaisants que ceux de Paris. « Tant que les magnétisés, dit le célèbre physiologiste Müller, n'accusent rien autre chose que les symptômes nerveux ordinaires qui s'observent dans d'autres maladies nerveuses, tout est croyable ; mais dès qu'ils se donnent pour voir avec les yeux bandés ou avec les doigts, ou avec l'estomac, pour distinguer ce qui se passe dans la maison voisine, ou pour faire des prophéties, de pareilles jongleries ne méritent aucun égard, et au lieu d'admirer niaisement, il faut crier tout haut au mensonge, à la déception. »

J'ai assez combattu les abus du magnétisme, maintenant je vais en deux mots lui faire sa part légitime.

On sait que les nerfs sont des cordons qui partent du cerveau (ou de la moelle épinière) et qui aboutissent aux différentes parties du corps, telles que l'œil, l'oreille, le nez, le palais, la main, etc. Il est admis dans la science qu'il existe un fluide répandu dans le cerveau et dans tout le système nerveux, lequel fluide a le pouvoir de transmettre au cerveau une impression reçue dans l'œil, par exemple, et inversement, de communiquer à un membre quelconque les mouvements volontaires dont le foyer est le cerveau. Il est démontré que l'homme ne peut déterminer aucun mouvement dans un organe, si les nerfs qui aboutissent à cet organe sont coupés, liés ou détruits. Ce qui prouve que le fluide suit les nerfs de la volonté et n'en sort jamais ; et il en est de même pour les nerfs qui transmettent les sensations au cerveau. Comme dans tous les cas, il y a toujours solution de continuité entre les nerfs du magnétiseur et ceux de la magnétisée, surtout quand ils sont à quinze pieds de distance, nous pouvons dire avec Müller :

« Il est impossible de concevoir que les idées et les états de l'âme d'un individu se communiquent à un autre individu autrement que par langage et par signes, comme le prétendent les partisans du magnétisme animal. » Tout ce que l'on peut admettre, c'est que le fluide répandu dans les nerfs du magnétiseur agit par influence, comme dans les expériences électriques, sur le fluide qui est répandu dans les nerfs de la personne magnétisée, pour produire chez celle-ci certains phénomènes nerveux, tels que le sommeil, l'engourdissement ou bien des convulsions. Mais il est impossible à un homme éclairé de croire que le magnétiseur agit sur sa somnambule, comme il agit sur son bras ou sur sa jambe à lui-même, et qu'il lui transmette ainsi directement sa pensée et sa volonté.

Les amis du magnétisme accusent les médecins et les corps savants de le rejeter par esprit de parti. Comme si les innombrables résultats des sciences positives avaient quelque chose à redouter d'une invention nouvelle ! Si le magnétisme était susceptible de sortir de l'antre des charlatants pour pénétrer dans le sanctuaire de la science , qui est-ce qui, mieux que les savants, serait à même de l'analyser , de le développer , de le féconder et d'en faire une science lumineuse et utile aux hommes ? Il faut avouer qu'il est bien fâcheux pour le magnétisme animal qu'il n'ait jusqu'ici séduit que les ignorants et les âmes faibles. On objecterait en vain qu'Alexandre Dumas en a célébré les merveilles. Tout le monde sait que les poëtes et les romanciers ne s'embarrassent guère de la vérité, et qu'il leur suffit de rencontrer une idée merveilleuse et populaire, pour la livrer aux caprices de leur imagination, et pour en faire le sujet de leurs fables. Ils n'ont des lecteurs et des lectrices qu'à ce prix ; cette voie seule les conduit à la fortune et à la célébrité. C'est ce qui fait qu'Alexandre Dumas est connu de tout le monde, tandis que Dumas le chimiste, qui a certainement dans la science un rang plus distingué que la premier dans les lettres , n'est connu de personne. Si la ville de Vitry , par exemple , avait produit un romancier feuilletoniste , son nom serait dans toutes les bouches. Personne ne se doute que le géomètre Moivre (ne pas confondre un géomètre avec un arpenteur) , qui fut l'ami du grand Newton, et que le père Jacquier, leur contemporain , savant minime et mathématicien distingué , sont nés tous deux à Vitry-le-François. A peine si l'on sait que Gambey, le premier mécanicien d'Europe , a passé son enfance et sa première jeunesse à Larzicourt et à Vitry. Tant il est vrai que le peuple fait beaucoup plus de cas de ceux qui l'amusent que de ceux qui l'instruisent ! Il a peut-être raison ; je lui laisse le soin d'en décider , et je reviens de cette digression bien naturelle.

Les gens de lettres qui ne sont que cela , ont beau se déclarer pour le magnétisme, leur témoignage ne doit pas faire autorité. Ils ne sont pas tenus à éclairer les autres sur certaines questions , et ne sont pas toujours capables de s'éclairer eux-mêmes. Quand je songe à Bernardin de Saint-Pierre , ce grand poëte , ce brillant écrivain , qui eut la faiblesse de repousser le système de Newton sur les marées, et de contredire tous les savants de son temps ; quand je relis toutes les sottises que Chateaubriand a débitées sur les mathématiques ; quand je me représente que dernièrement, à l'école normale de Paris, certain professeur de philosophie était presque un objet de dérision pour les élèves de la section des sciences à cause des idées bizarres et ridicules qu'il avançait sur les méthodes des géomètres, je suis bien légitimement porté à me défier des gens qui veulent parler de choses dont ils ne savent pas le premier mot, et qui se croient compétents sur tout, sans s'être jamais occupés de rien. Je ne voudrais certes pas parler souliers et pantoufles sans avoir au préalable pris des leçons auprès d'un cordonnier. Je me garderais bien d'imiter ce savetier de l'antiquité qui, à l'exposition d'un tableau, après avoir fait une critique exacte de la chaussure, se permit de juger du reste, et se fit siffler des spectateurs. On a dit que la science et le bon sens arrivaient toujours au même but, et que la première ne disait après bien des détours, en termes plus réguliers et mieux choisis, que ce que le second disait simplement et tout d'abord. Il n'y a rien de plus faux, à mon avis ; et ceux qui le répètent ont sans doute de bonnes raisons pour cela.

Le bon sens et le sens de la vue nous disent que le soleil tourne, et que la terre est fixe ; et pourtant la science a démontré le contraire par poids et mesures. Quand une Agnès de l'Opéra-Comique demande ce que c'est que l'amour, et que sa bonne lui répond : l'amour, c'est un homme ou une femme qui aime une femme ou un homme, voilà une définition naïve, mais exacte, j'en conviens, parce qu'il n'est pas nécessaire d'être lettré ni savant pour être compétent sur cette matière. Encore cela n'est-il vrai que dans certaines limites, car tout le monde ne comprend pas l'amour comme une âme d'artiste. Toujours est-il que le sens commun, en tant qu'il s'accorde avec les derniers résultats de la science, est extrêmement rare, et que l'on ne rencontre pas souvent des personnes sans instruction qui soient douées de certain sens délicat qui permet de saisir le vrai d'une question. La plupart des beaux esprits, n'ayant jamais rien approfondi, ne sont compétents sur rien, et devraient garder le silence ; mais cela ne fait pas leur affaire. Comme ils savent peu, ils disent aisément tout ce qu'ils savent, et bien souvent ils ne savent ce qu'ils disent, pour me servir d'un mot très connu. On ne peut m'accuser de les imiter au sujet du magnétisme animal ; car je n'en ai parlé que d'après les académiciens. En cela, j'ai humblement imité Voltaire, qui loin de penser qu'il savait tout d'instinct, avait pris la peine d'étudier les sciences, non pour y porter le trouble et l'erreur, mais pour entendre les savants et apprécier les résultats de leurs analyses. Napoléon lui-même se défiait tellement de ses propres lumières, qu'il ne se prononçait jamais sans avoir consulté son astronome Laplace, son géomètre Lagrange, etc. Quand on lui soumettait une question nouvelle en chimie, il songeait à Berthollet, et disait : «J'en parlerai à mon chimiste ; nous verrons. »

Le tribunal de la science a quelquefois rendu de faux jugements ; mais c'était surtout à une époque où elle ne se composait encore que de quelques aperçus de génie. Aujourd'hui une science est un édifice bâti sur un million de faits faciles à constater et à reproduire, et s'expliquant par des lois générales qui en sont en quelque sorte le couronnement. Il y a deux cents ans, il n'y avait guère que quelques parties des mathématiques qui fussent avancées, et c'était peu. Le vulgaire pense qu'un mathématicien est nécessairement très savant : le vulgaire se trompe. On peut connaître à fond toutes les mathématiques, et ne rien savoir du tout sur l'univers, sur le globe, sur les planètes et les animaux qui s'y développent, sur le corps humain, sur l'économie des sociétés, etc., par la raison bien simple que les mathématiques ne sont qu'une langue, c'est-à-dire un ensemble de signes purement conventionnels. Celui qui ne serait que mathématicien serait nécessairement ignorant. Mais aussi il serait dans les conditions les plus favorables pour arriver à la découverte de la vérité et pour l'annoncer aux hommes. C'est à l'aide de cette langue sublime que Newton conversa avec les mondes et surprit leur secret, l'attraction universelle. On appelle la poésie le langage des dieux ; mais je donnerais volontiers ce nom aux mathématiques. Pour moi, les plus beaux poëmes sur la création sont les livres de Laplace et de Newton.

Je m'aperçois que je viens de faire encore une digression ; mais cette fois je n'en reviendrai pas. Je termine enfin cette causerie, dans laquelle j'ai souvent parlé d'autre chose que de mon sujet, imitant en cela bien des écrivains plus graves, bien des orateurs de tribune, de palais ou de distribution de prix. Quoique j'aie sans doute ennuyé mes lecteurs, je ne m'en suis pas moins amusé moi-même, et comme cette occasion ne se représentera guère, je ne me fais pas trop de scrupules des bâillements d'autrui, et il me suffit que mon petit égoïsme soit satisfait.

CHALONS, IMP. DE BONIEZ-LAMBERT.

9 782014 022421